蝙蝠之书

［英］夏洛特·米尔纳 著　陈阳 译

贵州出版集团
贵州人民出版社

未小读
UnRead Kids

探索**蝙蝠**的**秘密世界**

每天傍晚，当夜幕降临时，
蝙蝠就飞上天空，在黑暗中俯冲、盘旋。
这些忙碌的小动物像超级英雄一样常常被我们忽视，
却在维持自然生态平衡和环境健康方面，扮演着重要的角色。

**让我们来了解一下蝙蝠，
看看它们为什么如此重要……**

蝙蝠生活在哪里？

世界各地都有蝙蝠，只有北极和南极除外，
因为那里太冷，它们无法生存。

世界上有 1,300 多种蝙蝠。

种类繁多的蝙蝠几乎适应了所有的环
境。无论你在城市、森林还是沙漠中，
都能找到蝙蝠。

蝙蝠几乎无处不在，
对我们所有人都有影响。

灰蓬毛蝠
生活在森林中。

犬吻蝠
生活在城市中。

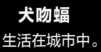

长耳蝠
生活在沙漠中。

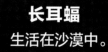

有的蝙蝠很 **大**……

最大的蝙蝠**鬃毛利齿狐蝠**翼展超过 150 厘米。

有的蝙蝠很小……

可爱的**熊蜂蝙蝠（凹脸蝠）**得名于它的小个头。它的身体只有一只熊蜂那么大，重量不超过 2 克。

有的蝙蝠很迅速……

游离尾蝠是蝙蝠中速度最快的一种，能以每小时 160 公里的速度飞行。

有的蝙蝠会唱歌……

双带囊翼蝠像鸣禽一样，通过鸣叫来保卫自己的领地。它响亮的歌声在 100 多米外都能听到。

有的蝙蝠很长寿……

布氏鼠耳蝠可以活 40 年或更久，寿命几乎是其他同体型动物的 10 倍。

有的蝙蝠外形别具一格……

雄性**查氏犬吻蝠**头上的毛发像尖刺一样竖立着。

什么是蝙蝠？

蝙蝠是唯一能飞的**哺乳动物**。

哺乳动物是包括人类在内的一大类动物。

和人类一样，蝙蝠是温血动物，有骨骼，通过生下幼崽而不是产卵来繁衍。

白天，蝙蝠睡觉。

大多数蝙蝠头朝下睡觉。有些蝙蝠用脚倒挂着，有些则依附在树木、岩石或建筑物上。

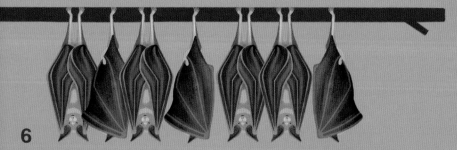

晚上，蝙蝠醒来。

大部分蝙蝠都是**夜行动物**，也就是说它们活跃于天黑的时候。它们在这时出来寻找食物，比如昆虫。

大多数蝙蝠共同生活在一个大集体中，称为**群体**。

蝙蝠生活的地方叫作**栖息地**，它们在那里睡觉、清洁自身，并养育后代。

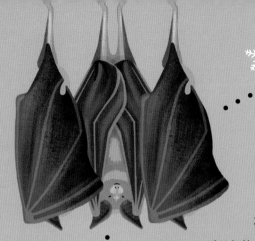

蝙蝠做什么……

天气寒冷的时候

有些蝙蝠生活的地方冬天非常寒冷。
在这些严寒的月份，没有足够的食物供蝙蝠食用。
为了度过冬天，它们会冬眠，
意味着它们将进入深度睡眠，
靠在温暖季节里储存的脂肪为生。

天气温暖的时候

在温暖的夜晚，蝙蝠忙着捕食昆虫之类的食物。
每年一次，雌蝙蝠会聚在一起产崽。
每只雌蝙蝠会生下一只蝙蝠宝宝，即幼兽。
它用乳汁喂养自己的幼兽，直到小蝙蝠能够飞行。

蝙蝠长什么样?

蝙蝠的种类多得惊人，它们看起来都很不一样。不过蝙蝠可分为两大类：大蝙蝠（亚目）和小蝙蝠（亚目）。

大蝙蝠生活在非洲、亚洲和大洋洲温暖潮湿的热带和亚热带地区。

大蝙蝠多数以水果为食，有些也吃花粉及花朵中的一种糖浆，即花蜜。

大蝙蝠

眼镜狐蝠

多数大蝙蝠要比小蝙蝠**大**得多。

它们栖息时用翅膀**裹住身体**。

大蝙蝠长着**大眼睛**。

大蝙蝠有着**长长的嘴**。

小蝙蝠

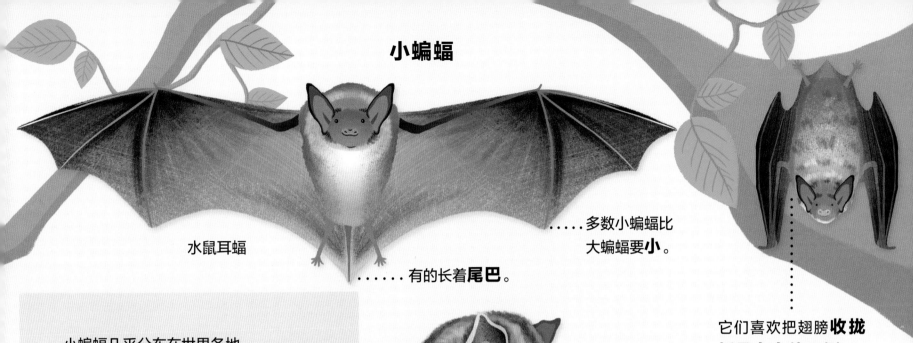

水鼠耳蝠

多数小蝙蝠比大蝙蝠要小。

······ 有的长着**尾巴**。

它们喜欢把翅膀**收拢折叠在身体两侧**。

小蝙蝠几乎分布在世界各地。

小蝙蝠多数吃昆虫，但也有一些种类以水果、花蜜、其他小型动物或者血液为食。

······ 小蝙蝠长着**小眼睛**。

···· 小蝙蝠通常长着**短短的嘴**。

有趣的脸

小蝙蝠的鼻子和耳朵形状很奇特，这可以帮助它们发出和听见声音。

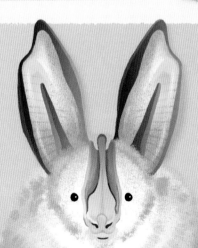

黄翼蝠

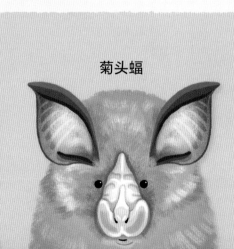

菊头蝠

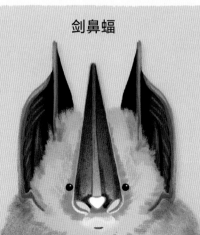

剑鼻蝠

9

蝙蝠的身体

蝙蝠身上的一些特征，使它们成了飞行和捕猎的专家。

拇指

蝙蝠的**拇指**很短，末端有一个尖爪，用来攀爬树木。

第二指

跟我们一样，蝙蝠有五根手指。但除了拇指外，蝙蝠的其他手指都很长，皮肤在手指之间伸展，形成**翅膀**。

前臂

第三指

蝙蝠翅膀里的**指骨**轻盈而柔韧。拥有灵活的指骨和关节意味着蝙蝠在飞行时比大多数鸟类更灵活。

第四指

第五指

蝙蝠脚趾上弯曲而锋利的**爪子**可以帮助它在倒挂时钩住物体表面。

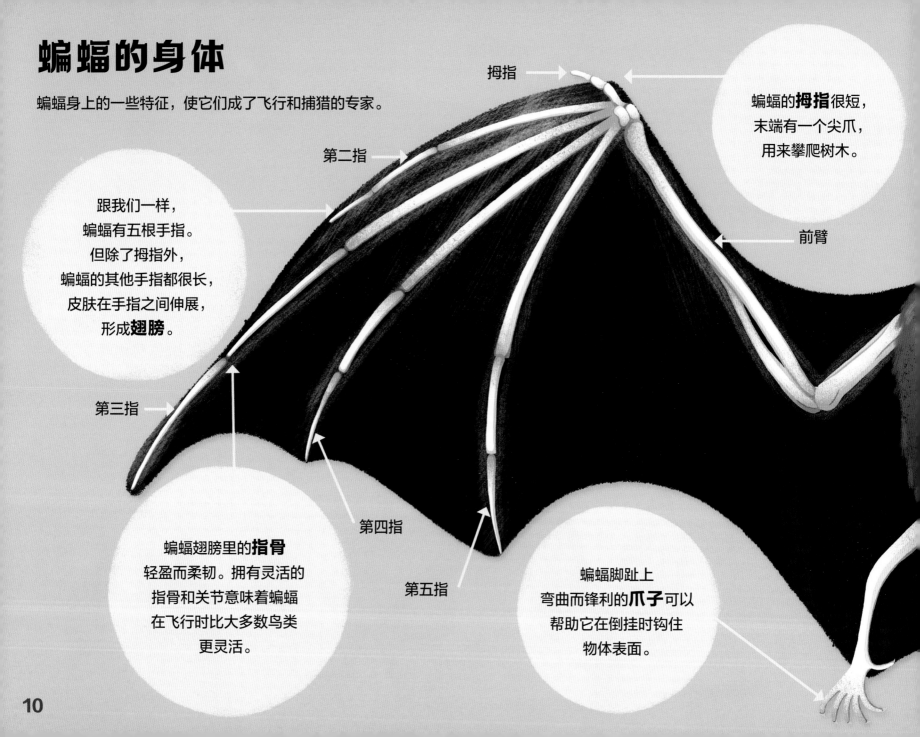

有些蝙蝠的**视力**很好，
另外一些更多地依靠
听觉和嗅觉来感知
周围的环境。

小而尖的**牙齿**
帮助蝙蝠咬食
水果或猎物。

蝙蝠有**毛发**，
以保持身体温暖。

短耳犬蝠

蝙蝠怎么飞？

与鸟类翅膀上的骨头相比，
蝙蝠翅膀上的骨头与人类手臂和手的骨头更相似。
当蝙蝠飞行时，它们能像我们
活动双手一样轻松挥动翅膀。
灵活的翅膀使蝙蝠成了"特技飞行员"。

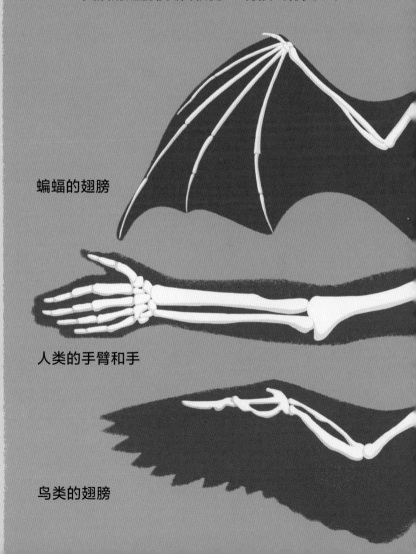

蝙蝠的翅膀

人类的手臂和手

鸟类的翅膀

蝙蝠为什么倒挂？

蝙蝠不能像鸟类那样从地面起飞，所以它们爬到高处，倒挂着，然后飞起来。倒挂是蝙蝠在需要快速飞走时的最佳姿势。

蝙蝠在哪里出没？

蝙蝠倒挂的能力让它们可以选择在其他动物找不到的安全地方休息。蝙蝠最常栖息的地方是树、建筑物和洞穴。

但是倒挂不会很累吗？

如果我们用双手悬挂几个小时，
我们的肌肉会非常疲劳。
但蝙蝠可以毫不费力地倒挂起来，
因为它们后肢上的爪子在抓住物体时，
肌肉会保持自然放松状态；
只有松开爪子时，才需要肌肉发力。

印度狐蝠

小蝙蝠栖息在**树干**或树枝上的狭小洞穴中。

大蝙蝠栖息在高大**树木**的顶端，因为那里太高，蛇等食肉动物找不到它们。

在澳大利亚，一个树冠上能找到3万多只**灰头狐蝠**聚集栖息。

房屋、教堂和谷仓等**建筑物**是蝙蝠的理想家园。它们会栖息在屋顶、墙壁和砖块的小缝隙中。小蝙蝠可以钻进仅有1厘米宽的小洞穴中。

蝙蝠喜欢洞穴、矿井和其他黑暗安静的**地下**藏身处。它们会挂在洞穴顶部的脊状凸起上。

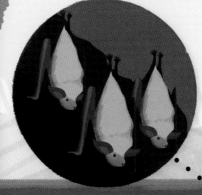

美国得克萨斯州的布雷肯洞穴是世界上最大的蝙蝠群体的栖息地，大约有2,000万只**游离尾蝠**栖息在那里。

独特的"巢穴"

大多数蝙蝠在树、建筑物和洞穴中找到了安全的栖息地，但有些蝙蝠找到了更不寻常的地方作为它们的家。

吸盘足蝠的手腕和脚踝上有吸盘，可以栖息在旅人蕉光滑发亮的叶子上。

筑帐蝠啃咬并折叠树叶来建造自己栖息的帐篷。

扁颅蝠是世界上最小的哺乳动物之一，栖息在竹子中。

14

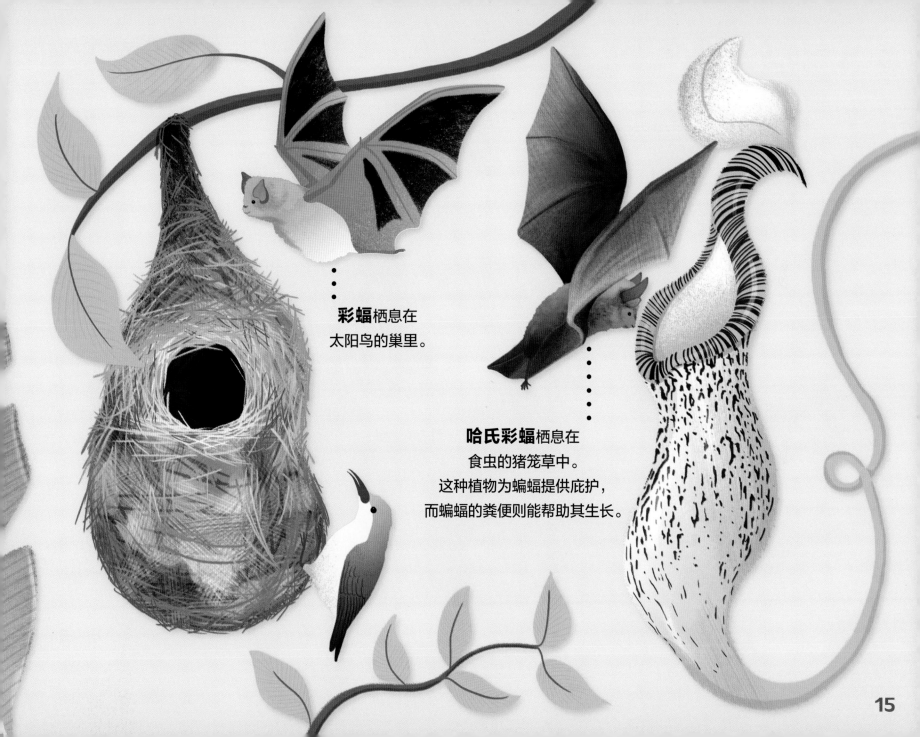

彩蝠栖息在
太阳鸟的巢里。

哈氏彩蝠栖息在
食虫的猪笼草中。
这种植物为蝙蝠提供庇护，
而蝙蝠的粪便则能帮助其生长。

蝙蝠吃什么？

蝙蝠的种类有 1,300 多种，它们的食物也丰富多样。很多蝙蝠吃水果、花蜜或者昆虫，但有些蝙蝠的口味比较独特。

许多蝙蝠吃植物的果实和花蜜。

腰果梨

花蜜是花朵中一种黏黏的甜味液体。

枣

花蜜长舌蝠的舌头比自己的身体还要长，它把舌头伸入花朵中采食花蜜。

多数小蝙蝠以昆虫为食，它们每天晚上吃掉大量的飞蛾、甲虫等。

舞毒蛾

金龟

螽斯

叶蝉

蝽

有些小蝙蝠会吃小动物，如蜈蚣、鱼、蛙，甚至蝎子。

在所有的蝙蝠中，只有三种是吸血蝠，会吸食哺乳动物和鸟类的血液。吸血蝠会在舔舐血液的部位造成没有痛感的伤口。

虽然亚利桑那树皮蝎的蜇针可以杀死一个人，但苍白洞蝠对这种毒刺免疫，并把这种有毒的生物当作大餐。

食蛙蝠通过学习青蛙的不同叫声来判断青蛙是否有毒。

鱼和虾是墨西哥渔蝠的食物。这种蝙蝠被称为海洋哺乳动物，因为它们每天晚上飞到海上捕捉食物。

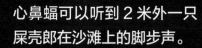

心鼻蝠可以听到 2 米外一只屎壳郎在沙滩上的脚步声。

北美巨人蜈蚣

蝙蝠如何在黑暗中觅食？

你可能听说过"像蝙蝠一样瞎"这句话，其实很多蝙蝠不仅视力极好，在黑暗中还能用声音来"看"东西。用声音来寻找东西，这叫回声定位。像鲸鱼和海豚一样，蝙蝠通过回声定位来觅食。

我们听不到蝙蝠发出的声音，因为音调太高，我们的耳朵听不到。

蝙蝠如何用声音来"看"？

利用回声定位的蝙蝠在飞行时发会出鸣叫。

↓

叫声以波的形式在空气中传播，这些声波碰到物体时会反射回来。

↓

反射回来的声波叫作回声。

↓

蝙蝠通过接收回声来确定黑暗中物体的位置。

赤蓬毛蝠

粉色的线代表蝙蝠的叫声。

虚线代表回声。

18

当蝙蝠的叫声被昆虫反弹回来时，蝙蝠听到回声就会知道……

 昆虫的**位置**。

 昆虫的**形状**。

 昆虫飞行的**方向**。

蛾子 vs 蝙蝠

蝙蝠利用回声定位在黑暗中捕捉飞蛾。但有些蛾子能用巧妙的方法来迷惑蝙蝠，避免被吃掉。

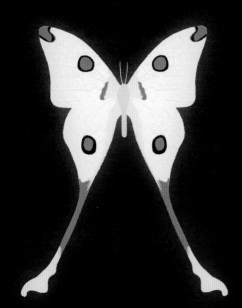

大棕蝠

蝙蝠不吃飞蛾的翅膀，它们攻击时瞄准的是飞蛾的身体。但飞蛾翅膀上的"尾巴"能迷惑蝙蝠，所以蝙蝠攻击到的是它们的翅膀而不是身体，蛾子可以毫发无伤地飞走。

这就解释了为什么月神蛾的后翅上会有长长的尾状突起。这类长有"尾巴"的蛾子更有可能躲避蝙蝠的捕食。

蝙蝠为什么重要？

蝙蝠对自然环境的贡献没有得到足够的认可。
每天晚上，当蝙蝠忙着寻找食物的时候，
它们也在做一些非常重要的、对我们的生活也有益的工作。
蝙蝠为植物授粉、传播种子，捕食那些会损害农作物的昆虫。

来进一步了解蝙蝠如何帮助我们和环境……

什么是授粉？

花粉从一朵花中被传送到另一朵花中的过程称为"授粉"。但是花朵无法自己传送花粉，所以它们需要风、昆虫或蝙蝠等其他动物的帮助。花朵授粉后，它的种子就会开始生长。有 500 多种植物是由蝙蝠授粉的。

蝙蝠如何为花朵授粉？

小长鼻蝠

1.

通过回声定位、视觉或嗅觉，蝙蝠找到一朵花。

2.

蝙蝠把头埋进花里采食花蜜。花粉从花的雄蕊上脱落。

雄蕊

雄蕊是花朵中制造花粉的部分。

仙人掌

3.

离开这朵花时，蝙蝠毛茸茸的头上沾满了花粉。

4.

蝙蝠到另一朵花去采食花蜜。

柱头

柱头是花朵收集花粉的部分。

5.

花粉从蝙蝠的皮毛上掉落，落在这朵花黏糊糊的柱头上。

6.

花粉在柱头上萌发，并长出一根花粉管通向子房。

花粉

花粉管

在这里，花粉遇到卵细胞。

子房

卵细胞

花粉与卵细胞结合后，开始长成**种子**。

种子种下后，能长成一株新的植物。

种子

散播种子的蝙蝠

植物不仅需要蝙蝠来授粉，还需要蝙蝠和其他动物来传播种子。蝙蝠四处散播的种子会长成新的植物。蝙蝠会传播许多雨林植物的种子，包括鳄梨、腰果和无花果树。

果蝠喜欢吃多汁的果肉，
但不怎么喜欢吃种子。
当它们咀嚼的时候，
种子就会掉到地上。

在热带森林中，
像野生无花果这样的水果长在树上。
所有的野生水果都包含种子。

种子

有时蝙蝠会把种子一起吞下。
坚硬的种子穿过蝙蝠的身体，
随着粪便排出来。
它们的粪便散布在森林里。

富氏前肩头果蝠

有时候，蝙蝠带着水果
在森林里穿梭，
边吃边把种子撒在森林里。

蝙蝠的粪便中含有水果种子，
以及种子长成健康植株需要
的所有营养。

蝙蝠帮助多种重要植物生长

在热带地区，有喜欢采食花蜜的蝙蝠，也有喜欢吃水果的蝙蝠。这些蝙蝠具有重要的生态作用，因为它们为植物授粉并传播种子，这样新的植物才能生长。这些植物中有许多是我们也会吃到的水果，包括我们特别喜欢的杧果、无花果和香蕉等。

狐蝠

一些大蝙蝠喜欢吃番石榴，它们会传播这种植物的种子。

以臭闻名的榴莲需要蝙蝠授粉。

狐蝠把杧果带回它们的巢穴，吃掉果肉后，剩下的种子便掉到地上。

百香果的种子是由蝙蝠传播的。

热带水果木瓜的种子
是由果蝠传播的。

在东南亚，野生香蕉花是
由长舌果蝠授粉的，这种
蝙蝠挂在又大又红的苞片上，
吸食着一排排黄色小花的花蜜。
这些花授粉后会长成香蕉。

对果蝠来说，无花果是它们的美味食物；
而对无花果来说，蝙蝠也很重要，因为它
们传播了无花果树的种子。无花果树可以用
来造纸、制成木材和入药。

晓长舌果蝠

农田里的蝙蝠

我们在农田里种植的用于制造食物和衣服等产品的植物叫作农作物。农民们希望饥饿的昆虫能远离庄稼。幸运的是，他们有蝙蝠的帮助。有些蝙蝠喜欢吃昆虫，每晚能吃掉上千只昆虫。

在美国和墨西哥，
有一种飞蛾的幼虫属于棉铃虫，
喜欢吃农作物，包括棉花、
洋蓟和玉米。

棉铃虫是游离尾蝠的最爱。
一只蝙蝠可以在一个晚上吃掉相当于
自己体重的昆虫。

这些食物的生产都得益于
依靠蝙蝠来驱赶昆虫：

可可豆做的巧克力

甘蔗做的糖果

扁桃仁

农民们依靠游离尾蝠来防止
飞蛾破坏他们的庄稼。
蝙蝠的帮助也让农民在驱赶昆虫时
减少杀虫剂的使用。

杀虫剂是有害的，
因为它们会杀死大量其他动物
赖以生存的昆虫。蝙蝠很重要，
因为它们减少了杀虫剂的使用量。

核桃

大米

梨子

黄瓜

29

蝙蝠维持不同**生态系统**的**正常**

生态系统是动植物共同生存、相互作用的自然环境。
蝙蝠对生态系统至关重要，因为它们为植物授粉并传播种子，
而植物也为其他动物提供了食物和栖息的地方。

**让我们来看看蝙蝠是如何对
世界各地生态系统起重要作用的……**

雨林中的蝙蝠

雨林净化了我们呼吸的空气，为世界上大约一半的物种提供了家园。但全世界都在砍伐雨林中的树木，使失去了栖息地的动物无法生存。而蝙蝠能帮助这些被砍伐的区域恢复原样。

蝙蝠如何帮助林地复育？

1.

在南美洲，蝙蝠掉落的种子撒在热带雨林的空地上。植物由这些种子发育长成。

2.

这些植物为更多生长在它们周围的植物提供了庇护所。

3.

这些植物吸引了鸟类和灵长类动物，它们也会吃水果，并在这片地区播撒种子。

4.

最终，这片林地得以恢复，重新成为许多动物的家。

沙漠里的蝙蝠

跟热带雨林一样，对于炎热干燥的沙漠生态系统来说，蝙蝠也是必不可少的。如果没有蝙蝠给沙漠中的仙人掌授粉，许多动物就找不到食物或栖身之所。

夜里，墨西哥树形仙人掌的花朵由蝙蝠授粉。仙人掌长出肥硕鲜红的果实，是许多动物的重要食物。

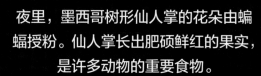

吃仙人掌果实的动物：

 加州兔

 沙漠地鼠龟

 西貒（tuān）

这些动物会吞下仙人掌的种子，并把它们散播到适宜仙人掌生长的地方。

栖息在仙人掌上的动物：

 吉拉啄木鸟在仙人掌的躯干上挖洞筑巢。

 姬鸮也栖息在啄木鸟的洞里。

 露尾甲住在仙人掌的花里。

33

热带草原上的蝙蝠

在炎热干燥的非洲大草原上，矗立着一棵高大的猴面包树。这棵树已经 2,000 多岁了，被称为"生命之树"，因为它为许多动物提供了食物和家园。它和其他几十棵猴面包树生长在一起，而蝙蝠帮助这些猴面包树的花授粉。

猴面包树每年只开一次花，
时间只有一个晚上。
黑暗中，硕大的白色花朵绽放着，
散发出果香吸引蝙蝠。
蝙蝠忙碌着给这些花授粉。

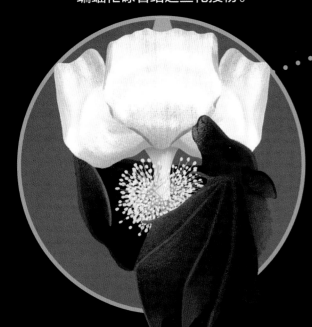

华伯肩毛果蝠

非洲猴面包树

蝙蝠给猴面包树完成授粉，树上就会长出果实和种子。很多动物，比如鸟和猴子，都吃这种果实。

鸟和猴子把树的种子散播在大草原上，新的猴面包树就长出来了。

这些树为动物遮荫、提供居所。织巢鸟在树枝上筑巢，而蝙蝠和猫头鹰则在树洞里栖息。

当难以找到水源的时候，猴面包树对动物的生存就很重要。大象啃树皮是因为这些树把水储存在它们粗壮的树干里。

这种树的每一个部分几乎都被人类充分利用了：

树叶可以当作蔬菜来吃。

果实制成果汁和果酱。

种子可榨出食用油。

根部可制成一种红色染料。

树皮用来做绳子和篮子。

蝙蝠**数量**为什么在**减少**？

蝙蝠过着安静的生活，极少受到关注，
但它们在维持生态系统健康方面发挥着至关重要的作用。
很不幸的是，许多蝙蝠非常脆弱，有些种类甚至濒临灭绝。

让我们来看看蝙蝠面临着怎样的挑战……

谬传和误解

很多人听说过吸血蝙蝠，可悲的是，他们认为所有的蝙蝠都是可怕的嗜血动物。这种误解让许多人对保护蝙蝠不感兴趣。

谬传：蝙蝠吸血

只有三种蝙蝠靠吸血为生。
这些吸血蝙蝠生活在美洲，它们在夜间行动，
趁动物睡着或静止时接近。除非你睡在外面，
否则吸血蝙蝠不太可能找到你。

谬传：蝙蝠像幽灵一样恐怖

在西方的万圣节，
蝙蝠经常和幽灵、怪物等形象一起出现。
但蝙蝠一点也不可怕。
吸血蝙蝠会通过喂食来照顾群体中
其他生病的蝙蝠，这种关爱行为
在自然界很少见。

谬传：蝙蝠是老鼠

有人认为蝙蝠是
"会飞的老鼠"，
但蝙蝠跟老鼠这类
啮齿动物的关系一点也不近。
它们属于自己独有的动物群体，
称为翼手目，
意思是"以手为翅膀"。

谬传：蝙蝠传播病毒

和其他动物一样，
蝙蝠也会传染疾病。
这就是为什么一定不要接触任何野生动物，
包括蝙蝠在内。但是从蝙蝠身上
感染疾病的风险并不比从宠物身上
感染疾病的风险高。

蝙蝠面临的其他威胁

真菌

在美国东北部，
人们发现大量蝙蝠的鼻子和
翅膀上都长有白色的真菌。
这种真菌会使蝙蝠生病，
严重时甚至致死。
某些种类的蝙蝠已濒临灭绝，
比如小棕蝠。

农药

如今的昆虫比人们开始使用杀虫剂之
前少得多，这意味着蝙蝠的食物也减
少了。使用在农作物上的化学物质对
蝙蝠也是有害的。

碰撞

蝙蝠也会遇上事故，
比如飞到电线上，
撞上汽车甚至风力发电机。

猎杀

在世界上的一些地方，
蝙蝠被当作食物猎杀。
随着人口的增长，
猎杀蝙蝠的人也越来越多。

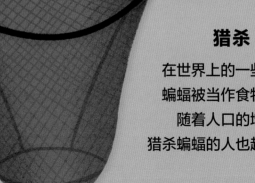

蝙蝠的栖息地越来越少

森林是许多蝙蝠的家园，它们在树上生活并寻找食物。
但是，森林正在迅速消失，树木被砍伐成木材，
为楼房和农场腾出空间。

由于可以栖息的自然环境越来越少，
许多蝙蝠已经适应了在人造环境中生活。
当建筑物建成或被拆除时，
就有可能打扰到在里面栖息或冬眠的蝙蝠。

与蝙蝠共同生活

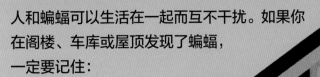

人和蝙蝠可以生活在一起而互不干扰。如果你在阁楼、车库或屋顶发现了蝙蝠，一定要记住：

蝙蝠在冬眠中被唤醒后，会在寻找新家时消耗掉大量储存的脂肪。没有了脂肪，蝙蝠就不太可能熬得过冬天。

蝙蝠繁殖速度缓慢，它们每年只产一只幼崽。这使得蝙蝠数量下降后很难恢复。

蝙蝠不会通过啃咬来破坏你的家，也不会把任何东西（比如猎物）带进巢里。

蝙蝠可能只在你家里待几个月，要么是为了冬眠，要么是为了生孩子。

你的家永远不会被侵犯，因为蝙蝠一年只生一只幼崽，所以它们的数量不会增加得很快。

在某些地方，蝙蝠是受法律保护的。也就是说，按照法律规定我们不能打扰它们。如果你觉得自己可能会打扰到蝙蝠，可以咨询当地的野生动物保护机构。

你能怎样帮忙？

支持保护蝙蝠行动

你可以成为野生动物保护机构的一员，
或者通过捐款以示支持。

了解更多关于蝙蝠的知识

你可以通过自然教育小组更深入地了解你周
围的蝙蝠。多数有组织的自然教育团队都会
用蝙蝠探测器来帮助你听到蝙蝠的声音，
并探明附近有哪些蝙蝠种类。

改变人们对蝙蝠的看法

蝙蝠并不可怕。它们是有智慧的群居动物，
不喜欢被关注。人们对蝙蝠了解得越多，
就越想帮助它们。

成为一个种子传播者

像蝙蝠一样，你也可以用一个"种子球"来播下植物的种子。
"种子球"其实就是塞满种子的泥球，把它们埋到土地里，
过一段时间种子就会长成植物，吸引昆虫供蝙蝠食用。

你将需要：

泥土，以免种子被鸟类吃掉。

泥土

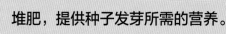

堆肥，提供种子发芽所需的营养。

种子，比如琉璃苣、矢车菊、
夜香紫罗兰和月见草，
或者其他任何你喜欢的植物。

种子

种子

1.

在一个大碗或大桶里，
把一份泥土、一份种子和
四份堆肥混合在一起。

2.

往混合物中一点一点加水，
让它变软，直到你可以把它
捏成球。

3.

将混合物在手中搓动，
做成弹珠大小的球。
把它们放在阳光充足的地方
晒至少三个小时。

4.

当你的"种子球"干了以后，
把它们埋进你的花园里，
或者种在花盆里。
播下种子的最佳时间是
春天或秋天。

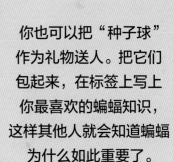

你也可以把"种子球"
作为礼物送人。把它们
包起来，在标签上写上
你最喜欢的蝙蝠知识，
这样其他人就会知道蝙蝠
为什么如此重要了。

大自然会解决剩下的事情，
你要有耐心，
等待植物慢慢生长！

建一座适宜蝙蝠生存的花园

你可以通过修葺花园来帮助和保护蝙蝠，让它们在花园里寻找食物、水和栖息的地方。种植各种各样的植物能吸引飞蛾和苍蝇供蝙蝠食用。遵循以下建议，打造一个适宜蝙蝠生存的花园：

给蝙蝠一点水

蝙蝠喜欢住在有水的地方。建一个小池塘会给蝙蝠一个饮水的地方。池塘也会吸引昆虫，因为许多苍蝇的幼虫是从水里开始它们的生命的。

给蝙蝠一个家

你可以购买或自己制作蝙蝠箱，给蝙蝠一个安全的栖身之地。这些箱子需要放在高处，比如树干上或房子的侧边。

避免使用化学药剂

杀虫剂对昆虫和蝙蝠有害。即使不使用化学药剂，你也可以拥有一个美丽的花园。

让宠物远离蝙蝠

蝙蝠害怕猫。晚上把你的猫关在室内可以保护蝙蝠的安全，让蝙蝠更有可能光顾你的花园。

琉璃苣

桂竹香

矢车菊

种植蝙蝠喜欢的植物

这些植物会在晚上释放气味来吸引飞蛾，
而蝙蝠喜欢在晚上吃这些蛾子。

紫罗兰

月见草

醉鱼草

茉莉花

烟草花

忍冬花

45

蝙蝠也是这个世界的**重要成员**

是时候告诉世界这些会飞的哺乳动物到底有多迷人了。
了解蝙蝠并尽可能地保护它们，
可以确保我们生活在一个植物能授粉、
种子能传播、生态系统能维持健康的世界。
蝙蝠帮助了许多动物和植物，但是现在，蝙蝠需要我们的帮助。

**让我们一起来分享蝙蝠的真实故事，
让更多人了解蝙蝠。**

索引

DK蝙蝠之书

〔英〕夏洛特·米尔纳 著

陈阳 译

图书在版编目（CIP）数据

DK 蝙蝠之书 / （英）夏洛特·米尔纳著；陈阳译
. — 贵阳：贵州人民出版社，2020.5
ISBN 978-7-221-15990-8

Ⅰ . ①D… Ⅱ . ①夏… ②陈… Ⅲ . ①翼手目—普及读
物 Ⅳ . ① Q959.833-49

中国版本图书馆 CIP 数据核字 (2020) 第 066318 号

Original Title: The Bat Book

Text and illustration copyright © Charlotte Milner, 2020
Design copyright © Dorling Kindersley Limited, 2020
A Penguin Random House Company
Simplified Chinese edition copyright © 2020 United Sky (Beijing) New
Media Co., Ltd.
All rights reserved.

贵州省版权局著作权合同登记号 图字：22-2020-082 号

选题策划   联合天际
责任编辑   陈田田
特约编辑   谭振健
封面设计   徐 婕
美术编辑   浦江悦
出   版   贵州出版集团 贵州人民出版社
发   行   未读（天津）文化传媒有限公司
地   址   贵州省贵阳市观山湖区会展东路 SOHO 公寓 A 座
邮   编   550081
电   话   0851-86820345
网   址   http://www.gzpg.com.cn
印   刷   深圳当纳利印刷有限公司
经   销   新华书店
字   数   12 千字
开   本   889 毫米 × 1194 毫米 1/16 3 印张
版   次   2020 年 5 月第 1 版 2020 年 5 月第 1 次印刷
ISBN   978-7-221-15990-8
定   价   48.00 元

混合产品
源自负责任的
森林资源的纸张
FSC® C018179

A WORLD OF IDEAS:
SEE ALL THERE IS TO KNOW

www.dk.com

作者简介

夏洛特·米尔纳创作好玩的书籍让年轻读者获得重要的知识，已出版
《蜜蜂之书》和《海洋之书》。她在书里探讨环境保护问题，以激发
大家对自然生态的热爱。